어쩔뚱땡!

글 서동건

유튜브 〈고구마머리TV〉에서 '만약'을 주제로 상상력이 가득한 콘텐츠를 만들고 있는 과학 크리에이터입니다. 어린이들에게 '유튜브 크리에이터가 되는 법', '초등학생을 위한 영상 편집법' 등을 가르치는 일도 하고 있어요. 서울예술대학교를 졸업한 뒤, 개그맨 시험에 도전하고 광고 만드는 일을 거쳐 사업도 해 보았지만 좋아하는 일을 찾다 보니 지금의 길에 이르렀답니다. 더 많은 어린이가 과학을 재밌게 느끼길 바라는 마음을 담아 이 책의 글을 썼어요.

그림 이정태

1997년 만화 《와일드 업》으로 데뷔하여 2002년부터는 어린이들을 위한 학습 만화를 주로 그렸습니다. 대표작으로는 《귀신대전》, 《스페셜솔져 코믹스》, 《모두의마블 코믹스》, 《건방이의 초강력 수련기》, 《문과1등 이과1등》, 《김병만의 정글의 법칙》 등이 있습니다.

감수 이명현

칼 세이건을 사랑하는 천문학자. 어릴 적 별을 보며 자랐던 삼청동 옛집에 '과학책방 갈다'를 열었습니다. 이곳에서 시민들을 위한 과학 강의도 하고 문화 행사도 열면서 과학 네트워크를 잇는 일을 하고 있답니다. 네덜란드 흐로닝언 대학교에서 나선 은하에 대한 논문으로 박사 학위를 받았고, 네덜란드 캅테인 연구소 연구원, 한국천문연구원 연구원, 연세대학교 천문대 책임연구원을 지냈어요. 지은 책으로는 《지구인의 우주공부》, 《이명현의 별 헤는 밤》, 《이명현의 과학책방》 등이 있습니다.

호기심·상상력이 쑥쑥 자라나는 과학학습만화

어쩔뚱땡!
고구마 머리 TV

글 서동건 그림 이정태 감수 이명현

8
외계 미션
고구마머리호를
찾아라!

아울북

차례

이 책의 특징

✫ **귀여운 채소머리 친구들과 떠나는 엉뚱발랄 상상 여행**

우리가 식탁에서 늘 만나는 채소 친구들의 엉뚱한 상상을 함께 해요.
투철한 모험 정신으로 무장한 채소머리 친구들과 과학 원리를 재미있게 이해해요.

✫ **초등 과학 개념을 확실히 잡는 특별 코너들**

QR 코드를 스캔하여 책 속 콘텐츠를 영상으로 즐기고 과학 지식을 쌓을 수 있어요.
본문에서 어려웠던 과학 개념은 부록 <고구마위키>에서 검색해 보세요.

✫ **'과학책방 갈다' 보증! 믿을 수 있는 초등 과학 콘텐츠**

최고의 과학 인플루언서들이 모인 '과학책방 갈다'에서 감수를 맡아 신뢰도 UP!
<과학자가 읽어 주는 어쩔뚱땡! 사이언스>에서 더 깊은 과학 이야기까지 믿고 읽으세요.

독자 여러분, 안녕하세요? 저는 유튜브에서 <고구마머리, '만약' 유튜버>라는 채널을 운영하는 과학 크리에이터 서동건입니다. 제 채널에 잠깐씩 나오던 '고구마머리' 캐릭터를 바탕으로, 고구마머리와 채소머리 친구들이 우주여행을 떠나는 이야기를 학습만화로 만들었습니다. 어릴 적부터 '나만의 책'을 만들고 싶다는 상상을 수없이 했는데 그 상상이 현실이 되었네요. 하하하.

저는 어릴 적부터 과학에 대한 호기심이 많았어요. 혼자서 상상하며 놀기도 잘했지요. 상상하는 건 정말 즐거운 일이었거든요. 어릴 적 '상상 놀이'를 좋아하지 않았다면 지금의 저는 정말 밋밋한 사람이었을 것 같아요. 그리고 지금의 '고구마머리'도 없었겠죠.

"지식보다 중요한 것은 상상력이다!"
위대한 과학자 아인슈타인 박사님께서 하신 말씀입니다. 시대가 발전하면서 지식과 기술은 더 배우기 쉬운 환경이 됐지만, 상상력만큼은 공부해서 배울 수가 없더라고요. 스스로가 상상을 좋아하지 않는다면 상상력을 기르기가 힘듭니다. 상상력이 가득하다면, 남들이 볼 수 없는 멋진 것들을 볼 수 있어요. 그리고 그 멋진 것들을 누구보다도 먼저 실현하는 힘 또한 상상력이지요. 그래서 저는 상상력이 '미래를 볼 수 있는 능력'이라고 생각합니다. 미래를 보고 싶나요? 후훗~ '만약'이라는 말과 이 책을 통해 여러분의 상상력을 마음껏 펼치세요. 혹시 아직 상상이 어렵다면? "어쩔뚱땡!" 이 마법의 주문과 함께 고구마머리의 상상력을 즐겨 주세요.

글 작가 **서동건**

추천의 말

우리가 살고 있는 현대를 과학의 시대라고 합니다. 과학과 기술이 이 세상을 만든 바탕이라는 데는 거의 모든 사람이 동의할 것입니다. 그리고 많은 이가 과학이 중요하다고 말합니다. 배워야 한다고 말합니다. 그런데 다른 한편으로는 어렵다고도 합니다. 높은 문턱 때문에 과학의 세계로 들어가기를 주저하기도 합니다.

현대 과학에서 알려 주는 세상의 모습은 우리가 오랜 세월 동안 경험을 통해 체득한 것과는 엄청나게 다릅니다. 예를 들어, 아주 작은 세계에서는 불확실성과 확률적 상태가 존재의 기본이라고 합니다. 물체 주변의 공간이 휜다고도 합니다. 시간 간격이 물리적인 조건에 따라서 달라지므로 모든 것이 자기만의 시간과 세계에 산다고도 합니다. 이처럼 우리가 일상에서 체감하지 못하는 현상들, 현실의 크기와 시간을 벗어난 세계에 대해 이해해야 하기 때문에 과학은 어렵게 느껴집니다. 하지만 시대의 진실을 아는 것은 중요합니다. 과학을 문화와 교양으로 누릴 수 있을 때 우리 삶의 질도 더 나아질 것입니다.

과학에서는 논리가 필요하고 추론이 중요합니다. 아직 사고의 체계가 완전히 확립되지 않은 어린이들이 과학의 문턱을 넘는 것이 쉬운 일은 아닙니다. 열 살짜리 어린이에게 과학은 어떤 의미일까요? 여기서 《코스모스》라는 책을 쓴 천문학자 칼 세이건의 말을 인용하려고 합니다. 칼 세이건은 어린이에게 더 필요한 것은 엄밀한 과학 소양보다 과학에 대한 흥미와 호기심이라고 말

합니다. 과학적 내용을 지식으로 하나하나 이해하는 것보다 과학에 즐거움과
경이로움을 느끼는 것이 더 중요하다는 말이지요.

《어쩔뚱땡! 고구마머리TV》는 어린이들이 흥미를 갖고 쉽게 과학의 문을 열
수 있는 만화 형식을 취하고 있습니다. 만화라는 익숙한 형식 속에 약간은 낯
설지만 한 번쯤 들어 본 이름과 단어가 담겨 있지요. 이 책을 통해서 과학을
처음 만나는 어린이들이 과학의 세계를 경험하고 즐길 수 있었으면 합니다.
이 책은 그런 일이 일어나게 해 주는 좋은 과학 가이드북입니다.

천문학자·과학책방 갈다 대표 **이명현**

고구마머리

'우주 최고의 유튜버'를 꿈꾸는 새싹 유튜버.
재밌어 보이는 일에는 막무가내로
돌진하는 말썽꾸러기.
불리할 때는 "어쩔뚱땡!"을 외치며
당당하게 도망친다.

파머리

고구마머리의 누나.
집 밖 세계가 두려운 안전파 귀차니스트 집순이.
동생한테 휩쓸려 떠난 우주여행에서 내내 투덜대지만
어느샌가 우주와 지구의 매력에 눈을 뜬다.

감자머리

고구마머리의 척척박사 친구.
아는 게 너~~~~무 많아서 가끔 지나치게
친절한 설명으로 주변을 곤란하게 만든다.

레아

드움의 친구이자 야생동물 구역 관리자.
고구마머리 탐험대와 함께
사라진 고구마머리호를 찾는다.

나몽

고구마머리호를 훔친 네로족 고양이.
말하지 못하는 사연이 있는 것 같다.

8권에서는 어떤 새로운 캐릭터가 등장할까요?
같이 재미있게 읽으면서 확인해 보아요.

프롤로그

모든 준비는 끝났다

왜 그래?
설마 내 계획이
의심스러워?

응.
아, 아니!

당황

레아는
엘리 우주정거장에
있는 고모를 보러
가기 위해 미리 표를
끊어두었다고 했다.

아,
빨리 고모
보고 싶다.

고모랑
친한가 봐.

고모는 용돈을
빵빵하게
주시거든.

오~ 엄청
좋은 분이구나.

으이그!
용돈 주면
다 좋은…

사람이 맞지!

고모 최고!

척

척

01 #우주 기차 #빛의 속도 #은하

우주 기차를 타자

기차가 아니라 호텔이잖아!

와, 가상현실로 접속하는 기계도 있어.

목욕탕도 있네!

누리야, 들어가자!

왈!

에헴, 촌스럽기는. 이게 쉬메카의 기술이란다, 얘들아.

18

21

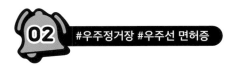

02 #우주정거장 #우주선 면허증

네로족이
파업을 일으켰다고?

두둥

우와~!

와아…!

쉬메카 행성도
신기했는데 여기는
또 다른 느낌이야.

우와

웅장한
느낌이랄까….

그렇네.

살랑

살랑

30

우리는 안전한 장소인 레아 고모네 집으로 이동했다.

헉!
범죄까지?!

깜짝

네로족은 떠돌이가
되어서도 서로
싸웠기 때문에,

편이
나누어지기도
했어.

도저히
너희랑은
못 다니겠다냥!

캉

크앙

그건
우리가 할 말
이라냥!

하지만 모두가
그런 것은 아니었지.
열심히 살려고 하는
네로족도 있었어.

그래,
언젠가 좋은 날이
올 거다냥.

우리는
열심히 살자냥!

지금 엘리
우주정거장에서
일하는 네로족이
그렇단다.

41

얘네 우주선 면허증이 없을 거예요.

우주선 면허증 있거든!

척

흠, 이건 너희 행성 면허증이라서 우주선을 빌려줄 수 없겠구나.

엥? 그런 게 어디 있어요. 우주선은 다 똑같은 거 아닌가요?!

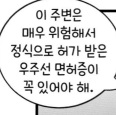

이 주변은 매우 위험해서 정식으로 허가 받은 우주선 면허증이 꼭 있어야 해.

고모가 같이 가주면 안 돼요?

그건 힘들 것 같은데….

왜요…?

지금 엘리 우주정거장을 이용할 수 없기 때문에 여행객들이 우주선 대여점에 몰려서 매우 바빠졌거든.

#초대질량블랙홀 #은하 중심부 #스핏볼

은하 중심부에서 대체 무슨 일이?!

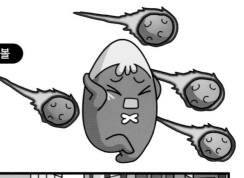

쉬메카 3인방에게
엘리 우주정거장에서 있었던 일을 전했다.

안 돼,
나도 같이 모험하고
싶다고.

왜 엘리 우주정거장에서
안 기다리고 먼저 갔어?

흑….

다들 우주선
대여한다고 난리야.
남는 우주선도
없다고.

끙… 금방 따라갈게.
너무 빨리 가진 말고
천천히 가고 있어.

오늘 출발 안 하면
몇 달 뒤에나
갈 수 있을걸.

48

그래서 대부분의 외계인들은 그곳에 가지 않아.

나몽은 왜 하필 그곳에 간 걸까?

나도 이해가 안 가. 나몽의 마지막 신호가 잡힌 곳은 어디인지, 무엇을 위해 갔는지 아무것도 알 수 없어.

아무튼 위험하다고 판단되면 구닥다리호를 바로 버리도록 해.

고구마 머리호라고 몇 번을 말해!!

버럭

꺄악

우리은하 편

QR 코드를 스캔하면
영상을 볼 수 있어요.

지구가
우리은하
중심에 있다면

실시간 채팅 주요 채팅 👤 80만 ⚏ ✕

감자머리   지구가 우리은하의 중심에 있다면 어떻게 될까?

고구마머리   별이 엄청 많다고 했으니까 반짝반짝 빛나는 밤하늘을
볼 수 있겠지? 상상만 해도 너무 아름다워~.

파머리   아름답긴…. 은하 중심부가 가장 위험하다는 말,
그새 까먹은 거냐고!

감자머리   오~ 맞아. 잘 기억하고 있네!
그래도 어떤 일들이 펼쳐질지 궁금하지 않아?

파머리   조금 무섭긴 하지만 궁금하긴 하다.
영상으로 얼른 확인해 보자!

* 초신성(超新星, supernova): 신성(nova)보다 에너지가 큰 별의 폭발을 의미한다.

69

흔한 별, 적색왜성?

여기에 고구마머리호가 있는 게 맞아?

없어. 없어. 없다니까!!

으아

으아

잡히는 신호가 아예 없다고!

끙

오 재밌다!

너무 신기한데?!

히히

하하

부들

또 나만 걱정하고 있지….

크앙

나 혼자 고구마머리호 찾으러 왔냐?

으아, 또 시작이다.

뿌웅

척

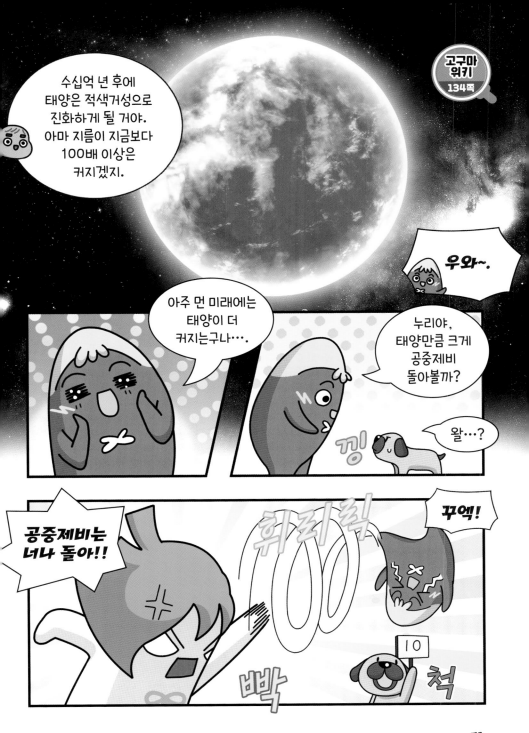

77

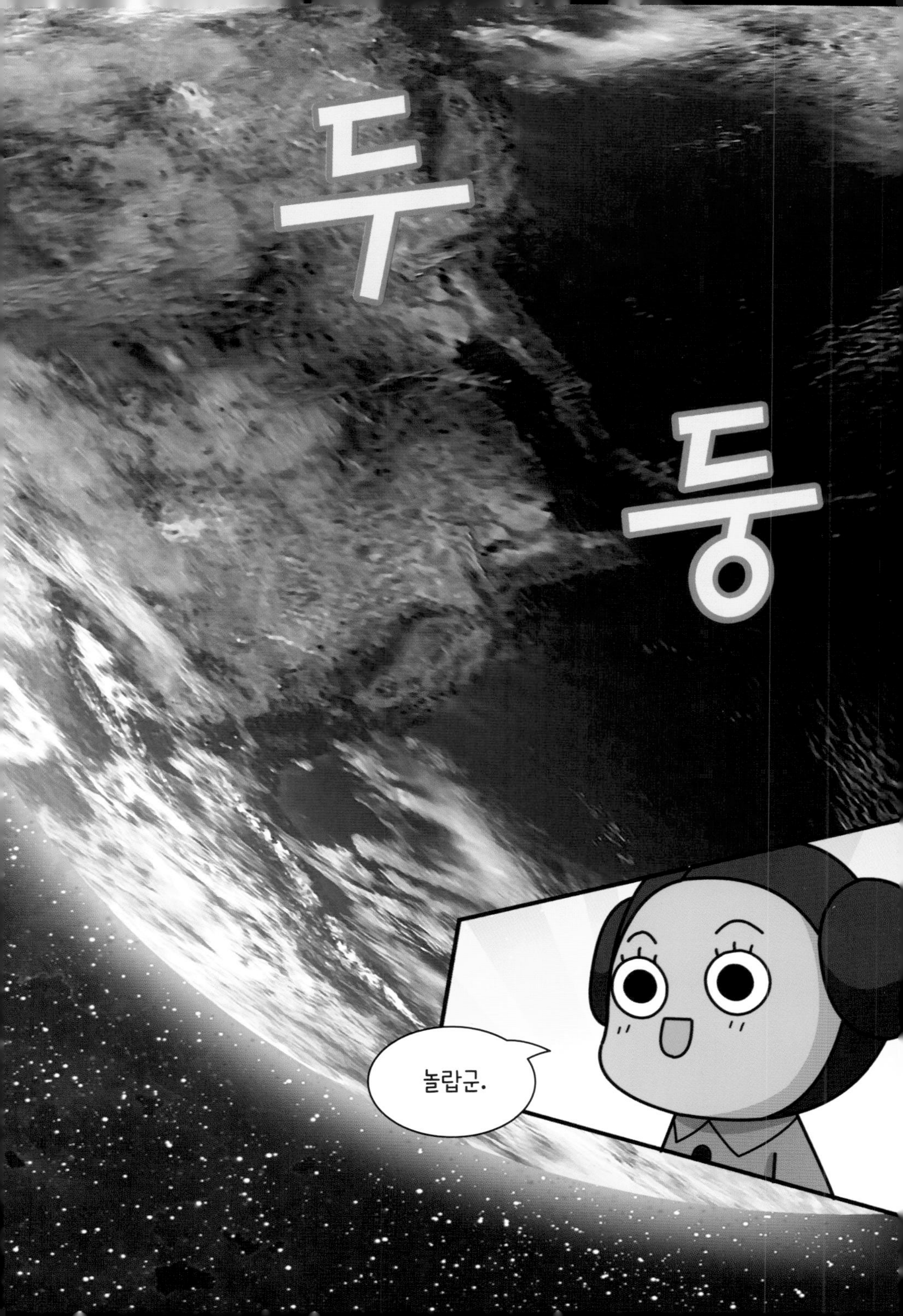
두
둥
놀랍군.

골디락스 존?

모항성으로부터 적당한 거리에 위치해 있어서, 물이 액체 상태로 존재하고 생명체가 살 수 있는 영역을 말해.

너무 뜨거워!

너무 추워!

뻘뻘

떨떨

아, 적당히 따뜻하다.

너무 멀면 추워서 얼음이 되고, 너무 가까우면 뜨거워서 물이 증발할 거야.

하지만 이 행성은 적색왜성의 골디락스 존에 있어서 적당한 열과 빛을 받고 있는 것 같아.

심지어 저 행성에서 고구마머리호의 신호가 포착되고 있어.

삐빅

와우! 대박 대박!

야호

빨리 가 보고 싶다!

흠, 너무 위험한 거 아닐까? 저 안에 외계 생명체가 있으면 어떡해.

걱정

에~ 그래도 여기까지 왔는데 가 봐야지.

맞아, 맞아! 가야 해!

레아는 말려줘야 하는 거 아니야?

흠….

우하하

저런 신비로운 대자연을 두고 그냥 가는 건 아쉽잖아.

고구마머리TV 틀린 대사 찾기

> 총 한 군데야!

다음 캐릭터들의 대사로 어울리지 않는 것을 골라보세요.

❶
> 일반적으로 우주에서 가장 작은 별들이 적색왜성으로 분류가 돼.

❷
> 우주에 존재하는 대부분의 별은 적색거성으로 크기가 매우 작아.

❸
> 아주 먼 미래에는 태양이 더 커지는구나….

❹
> 적색왜성 근처에 생명체가 존재하는 게 신기한 일이야?

⑦ 정답

공룡이 왜
여기서 나와…?

와…. 영화에나 나올법한 곳이야.

울창한 숲 좀 봐. 이렇게나 푸르다니.

우주는 정말 멋있는 곳이구나.

이곳은 정말 특별한 곳이야. 심지어 지구와 대기 성분이 비슷해서 산소가 풍부해.

우주복을 입지 않아도 다닐 수 있다는 거야?

응.

여기에 고대 팜나무가 있다니.

나무가 엄청 신기하게 생겼네.

팜나무?

열대나 아열대 지역처럼 따뜻한 곳에서만 자라는 나무야.

두둥

열매를 맺는데, 먹을 수도 있어.

히히

누리야, 같이 먹어볼까?

왈…?

요즘은 팜 열매로 기름을 만들기도 해. 식품 산업에 많이 사용되지.

우엑! 겁나 맛없는데?

왈….

어휴, 먹을 거면 너 혼자만 먹으라고.

이건 고대 팜나무라서 현대의 팜나무와는 많이 다를 거야.

아니, 감자머리는 어떻게 이런 것까지 다 알아?

나야 뭐, 책을 워낙 좋아하니까.

이 행성은 열대, 아열대 기후인가 봐.

어쩐지 덥더라. 우리가 예전에 열대, 아열대 지역에 갔을 때도 더웠잖아.

맞아. 항상 덥고, 습하고, 비도 자주 왔었지.

95

저 특이한
머리의 공룡은
뭐야?

파라사우롤로푸스!
이름의 의미는 '근처의 도마뱀'
이라는 뜻이야. 길이는 대략
9.5미터, 무게는 2.5톤으로
추정돼.

파라사우롤로푸스의
가장 큰 특징은
머리 위로 길게 뻗은
'크레스트'야.

크레스트가
뭐야?

동물의 머리나 몸
일부에 나타나는 뼈나
깃털 같은 건데,

척

소리를 낼 때
사용했을 것으로 추정돼.
공기가 크레스트를 통과하면 소리가
나는데, 이 소리로 의사소통이나
영역표시를 했을 거야.

우으으옹

우옹

감자머리의 환경 교실

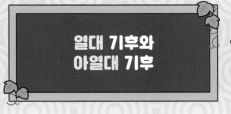

열대 기후와
아열대 기후

하루의 대기 상태를 날씨라고 한다면, 여러 해에 걸쳐 나타나는 한 지역의 대기 상태를 기후라고 해요. 우리가 온대 기후 지역에 살고 있는 것처럼 지역에 따라 다양한 기후가 나타나죠. 이러한 기후의 차이는 사람들이 살아가는 방식에 큰 영향을 미치기 때문에 지역마다 생활 방식도 달라진답니다. 다양한 기후 중에서도 열대와 아열대 기후에 대해서 함께 알아볼까요?

열대 기후

열대 기후는 일 년 내내 매우 덥고 비가 많이 내리는 기후예요. 매일매일 여름이라고 볼 수 있죠. 열대 기후는 적도와 가까운 지역에서 나타나는데, 가장 추운 달의 평균 기온이 18℃ 이상일 정도로 더운 기후랍니다. 이러한 열대 기후는 열대 우림 기후, 열대 계절풍 기후, 사바나 기후로 분류할 수 있어요.

아열대 기후

아열대 기후는 열대와 온대의 중간에 해당하는 기후예요. 다른 기후들과는 다르게 뚜렷한 특징을 설명하기 어려워서 아열대의 범위도 정의에 따라 다르답니다. 보통은 월 평균 기온 10℃ 이상인 달이 8개월 넘게 지속되는 지역을 아열대 기후 지역으로 분류할 수 있어요.

 우리나라에서도 열대 과일을 재배할 수 있다고?

기후 변화로 인하여 망고, 바나나 등의 열대 과일을 우리나라에서도 재배할 수 있게 되었어요. 맛있는 과일을 가까이에서 얻을 수 있다는 게 신기하기도 하지만, 점점 뜨거워지는 지구를 위해서 우리가 어떤 노력을 할 수 있을지 생각해 보는 건 어때요?

쓰러진 나몽을
발견하다

저기 있다!

짠

고구마머리호야!!

고구마
위키
135쪽

잠깐! 주변에
공룡들이 있어.

크르르르

크측

그러네. 저건
벨로시랩터야!

먼… 먼저 상처를 다루기 전엔 물과 비누로 손을 깨끗이 씻어야 해. 상처가 세균에 감염될 수도 있거든.

싸아아

상처로 들어가자!

세균

세균

그… 그리고 상처 주변을 물이나 소독액으로 깨끗이 소독해야 해.

물? 알겠어!

웃차!

차악

으악!

아주 목욕을 시켜라!!

이그

그런 다음 깨끗한 천으로 상처를 압박해야 해. 그러면 피가 멈출 거야.

꾹

꾹

흐으….

헥헥,
치료 키트
가져왔어.

좋아,
어서 치료
하자!

하마터면 정말
위험할 뻔했어. 도대체
어떻게 된 거지?

음, 공룡들한테
공격 당한 게
아닐까?

나몽이? 가상현실이지만
나몽 정도의 실력이라면
쉽게 공격 당하지 않아.

물린 흔적도
없긴 하네. 어?
그런데 뭔가 그을린
흔적이 보여.

그랬냥.... 소중한 고구마머리호를 훔쳐서 정말 미안하다냥.

너는 도대체 왜 여기에 온 거고, 어쩌다 이렇게 다친 거야?

그건....

나몽은 그동안 있었던 일을 말해주었다.

나몽은 어릴 적부터 네로족의 오랜 전쟁으로 인해 가족과 함께 우주를 떠돌며 살았다.

너무 배고프다냥.

더러운 네로족! 저리 가!

미안하다냥.

네로족은 우주를 떠돌아다니면서도 서로를 불신했다.

네놈들 때문에 행성이 파괴됐다냥!

캬앙

무슨 소리냥! 먼저 전쟁을 선포한 건 너희잖냥!

크앙

아빠ㅠㅠ

네로족은 모두가 꺼리는 우주의 난민이었다.

쯧쯧

네로족 때문에 짜증나!

흥

그러던 어느 날, 누군가가 네로족에게 손길을 내밀었다.

나와 함께 가지 않겠소?

113

감자머리의 응급처치 초성 퀴즈

❶

상처가 ㅅ ㄱ 에 감염되지 않도록
조심해야 해요.

힌트: 108쪽

❷

상처를 다루기 전엔 물과 ㅂ ㄴ 로
손을 깨끗이 씻어야 해요.

힌트: 108쪽

❸

상처 주변을 물이나 소독액으로
깨끗이 ㅅ ㄷ 해야 해요.

힌트: 108쪽

❹

깨끗한 천으로 상처를 ㅇ ㅂ 해야
해요.

힌트: 108쪽

#가상현실 #드래곤

나몽의
안타까운 사연

먹여주고, 재워준 대가를 치르기 위해
네로족은 열심히 일을 해야 했다.

빨리 빨리
움직여!

아무도 하려고 하지 않는
가장 힘들고 더러운 일을 했지만,

빚을 갚을 수는 없었다.

너무 어둡고
무섭다냥⋯.

잘못된 거 아니냥!
얼마나 열심히
일했는데⋯.

이자가
있잖아.
이자가!

냄새도
지독하다냥⋯.

116

고리대금이었다. 말도 안 되는 높은
이자율로 인해 빚은 좀처럼 줄지 않았다.

이건 부당하다냥!
신고할 거다냥!

언제까지
일해야 하는
거냥….

히잉

난민이었던 네로족은 그 어디에서도
법적 보호를 받지 못했고,

부당한 요구에 따라야만 했다.

당신은 우리 시민이
아니므로 법적 보호를
받을 수 없습니다.

말도
안된다냥….

GF 구역에서
일해!

거기는
너무 멀다냥!

또, 나몽 가족을 떨어뜨려 놓은 뒤
도망치지도 못하게 했다.

가족들이
보고싶다냥….

휘이이이잉

117

나몽은 가상현실에서 랭킹 안에
들 정도로 빠르게 강해졌다.

RANKING	
1	스나이프
2	나몽
3	골로몬
4	크로슈

타고난 반사신경 덕분에
좋은 아이템도 필요 없었다.

덤벼라냥!!

파

파

팡

저절로 돈과 명예도 따라왔다.
나몽은 그 돈으로 가족들을
빚으로부터 해방시켰다.

자꾸 어디서
돈을 가져오는 거냐!

알 필요

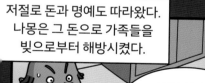

그러나 그들은 나몽을 가만히 내버려두지
않았다. 어떻게든 다시 빚을 지게 만들었다

너는 절대 나를
벗어날 수 없어. 네로족
주제에 감히!

탕

끼으읏...!

어디에서도 환영받지 못하는 '네로족'이라는 신분은
언제나 나몽 가족의 앞길을 막았다.

그래서 나몽은 도망치기로 결심했다.
나몽 가족을 절대 찾을 수 없는 곳으로….

이런 나몽을 안타깝게 여긴
가상현실 속 친구들이 정보를 주었다.

반드시 방법을
찾고야 말겠다냥.

DS404 구역에
생명체가 살 수 있는
행성이 있다는
소문을 들었어.

고맙다냥!

그래, DS404 구역은
위험하니까 저들이 쉽게
접근할 수 없을 거다냥.

그렇게 기회를 잡자마자 가족들을 몰래 타라스 행성에 보냈다냥.

이 행성 이름이 타라스 행성 이었구나.

나몽 가족이 탈출한 것을 눈치챈 그들은 나몽을 붙잡으려고 했다.

은혜를 원수로 갚는 네로족 녀석들….

나몽을 당장 잡아와!

넵!

탁탁

꼼짝없이 붙잡히게 생긴 나몽은 친구들의 도움을 받았다.

맞아! 그때 우주 호텔 앞에서 나랑 부딪쳤잖아!

카레스 시티에 있는 우주 호텔로 가. 호텔에 정박하는 우주선이 하나쯤은 있을 거야!

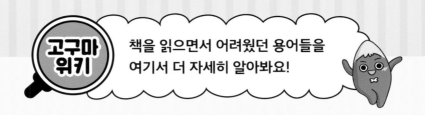

고구마 워키

책을 읽으면서 어려웠던 용어들을 여기서 더 자세히 알아봐요!

우주선 조종(41쪽)

우주선을 조종하는 사람은 누구인지 생각해 본 적 있나요? 우리는 흔히 우주 비행사 혼자서 우주선을 조종한다고 착각하기 쉬워요. 하지만 실제로는 지구에 있는 '지상 관제소'에서 우주 비행사가 안전하게 우주 비행을 끝내고 다시 지구로 돌아올 수 있도록 우주선 조종을 도와주고 있답니다. 우주 비행사처럼 실제로 우주에 가는 건 아니지만, 우주 탐사에 있어서 아주 중요한 역할을 수행하고 있죠.

지상 관제소는 우주로 떠난 모든 우주선과 탐사선, 그리고 인공위성과 끊임없이 정보를 주고받아요. 우주선, 탐사선, 인공위성은 우주에서 일어나는 모든 일을 지상 관제소에 알리고, 지상 관제소는 그 정보를 받아서 우주 비행에 문제가 없도록 많은 도움을 준답니다. 즉, 우주 비행사는 지상 관제소가 주는 정보에 따라 움직이기만 하면 되는 것이죠.

우주 비행사가 탄 우주선이 우주로 떠난 순간부터 지구로 돌아오는 날까지 지상 관제소에 있는 사람들은 마음을 놓을 수 없어요. 혹시 모를 비상사태에 대비해야 하기 때문에 항상 긴장을 늦출 수 없거든요. 이처럼 성공적인 우주 비행을 위해서는 우리가 상상할 수도 없이 많은 사람들의 노력이 필요하답니다.

초신성(67쪽)

초신성(Supernova)은 보통의 별보다 몇만 배 이상 밝게 빛나는 별을 뜻해요. 태양보다 10배 정도 무거운 별이 폭발하는 현상 그 자체를 말하기도 하죠. 초신성은 사실 별이 죽어가는 모습이지만, 우리가 보기에는 새로운 별이 탄생하는 것처럼 보이기 때문에 초신성이라고 부른답니다.

무거운 별은 진화의 마지막 단계에서 강한 에너지를 분출하며 폭발한 뒤 하나의 작은 은하만큼이나 밝아졌다가 서서히 어두워져요. 이러한 폭발 과정에서 별이 일생동안 핵융합을 통해 만들어 놓은 탄소, 산소, 규소, 철과 같은 다양한 원소들을 다시 우주로 내보냈고, 철보다 무거운 원소들은 모두 초신성을 통해 만들어진 뒤에 우주로 퍼져나가 새로운 별과 행성들을 만드는 재료로 쓰였답니다.

우주에서 일어나는 모든 일들이 중요하지만, 초신성은 그중에서도 가장 중요한 사건이라고 볼 수 있어요. 모든 별이 조용히 최후를 맞이한다면 우리는 이 세상에 존재할 수 없기 때문이죠. 지구상에 존재하는 모든 것들과 우리 몸을 이루는 원소들은 대부분 별 속에서 만들어졌거든요. 우리가 언제나 별을 궁금해하는 이유는 어쩌면 우리의 근원에 대한 호기심 때문이 아닐까요?

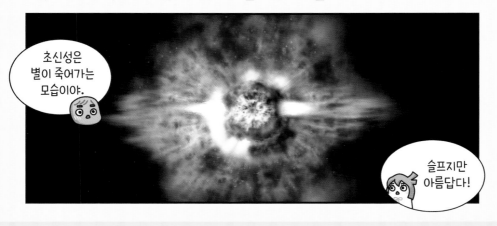

적색거성(75쪽)

적색거성(Red giant star)은 태양보다 훨씬 큰 붉은색의 별이에요. 별이 갑자기 부풀면 표면 온도가 내려가게 되어 붉은색으로 변하게 되는데, 이렇게 거대해진 붉은 별을 '적색거성'이라고 부른답니다.

모든 별은 차가운 가스와 먼지가 모여 있는 '성운'에서 태어나는데, 이렇게 탄생한 별은 수소를 태우며 일생의 대부분을 보내요. 태양과 질량이 비슷한 별이라면 70~90억 년 동안 수소를 태운다고 볼 수 있죠. 별의 중심부에서 수소가 다 타고 나면 많은 양의 헬륨이 쌓이게 되는데, 이렇게 쌓인 헬륨이 중력에 의해 중심부로 끌어당겨지면 별의 바깥 부분이 급격하게 팽창해요. 풍선이 갑자기 부풀면 풍선 내부의 온도가 내려가는 것처럼, 별의 표면 온도도 내려가서 별이 붉은색으로 변하게 된답니다. 적색거성이 된 별의 온도는 낮아졌지만 크기가 매우 커져서 더 밝게 보인다고 해요.

수십억 년 후에는 태양도 적색거성으로 진화할 것으로 예상돼요. 현재 지구는 생명체가 살기에 적당한 밝기와 온도를 유지하고 있지만, 적색거성으로 진화한 태양 앞에서 지구와 인류의 안전을 확신할 수는 없어요.

스테고사우루스와 벨로시랩터(96쪽, 102쪽)

스테고사우루스(Stegosaurus)는 쥐라기 후기에 살았던 크기 약 5~9미터, 무게 약 2~5톤의 공룡으로 미국에서 처음 발견됐어요.

등에 뼈 판이 있고 꼬리에 날카로운 가시가 있는 공룡을 '검룡류'라고 하는데, 스테고사우루스는 이러한 검룡류 중에서도 몸집이 가장 큰 공룡이에요. 그렇지만 딱딱한 입과 작고 약한 이빨을 이용하여 주로 나뭇잎을 먹으며 생활하던 초식공룡이었고, 큰 몸집에 비해 머리와 뇌의 크기가 매우 작아서 지능이 낮고 행동이 느렸을 것으로 추측하고 있답니다.

벨로시랩터(Velociraptor)는 백악기 후기에 살았던 크기 약 2미터, 무게 약 15킬로그램의 공룡으로 몽골에서 처음 발견됐어요.

어른 벨로시랩터는 오랜 시간 동안 갓 부화한 새끼를 돌보지 않는 습성이 있기 때문에 새끼들 중에서 가장 공격적인 개체만이 살아남을 수 있었어요. 살아남게 된 벨로시랩터는 높은 지능, 예리한 시각과 청각, 가볍고 빠른 동작, 날카로운 발톱을 이용해 자기보다 몸집이 큰 공룡도 사냥할 수 있는 공격성을 가지게 되었답니다. 실제로 1971년에는 벨로시랩터보다 큰 공룡인 프로토케라톱스와 싸우다가 동시에 죽은 화석이 발견되기도 했어요. 이러한 특징들을 살펴보았을 때 벨로시랩터는 아시아 지역에서 발견된 공룡 중에서 가장 잔인하고 사나운 육식공룡이라고 말할 수 있어요.

이명현 천문학자가 지구에 대해 더 깊은 이야기를 들려줍니다.

✅ 은하 중심부에서는 어떤 일이 일어나고 있나요?

우리은하와 블랙홀

우리는 지구에 살고 있습니다. 그리고 지구는 태양이라는 별 주위를 돌고 있죠. 우리뿐 아니라 화성이나 토성 같은 행성들도 태양 주위를 돌고 있어요. 이러한 체계를 태양계라고 부르고, 태양계와 같은 행성계가 수천억 개 모인 집단을 은하라고 해요. 그중에서 우리 태양계가 속한 은하를 특별히 우리은하라고 부른답니다. 태양계는 우리은하의 중심으로부터 빛의 속도로 2만 6천 년을 달려야 도달할 수 있는 외곽 쪽에 위치해요. 이러한 우리은하의 중심부에는 블랙홀이 존재하는데, 이 블랙홀은 질량이 상당히 크기 때문에 초대질량블랙홀이라고 불러요. 그렇다면 다른 은하의 중심에도 블랙홀이 존재할까요?

우아!
블랙홀이다!

은하 중심에 위치한 블랙홀의 모습

은하 중심부를 들여다보자!

천문학자들이 밝힌 연구 결과를 살펴보면 거의 모든 은하의 중심에는 블랙홀이 존재해요. 아주 멀리 있는 은하의 경우에는 너무 어두워서 은하 자체는 보이지 않고 그 중심에서의 신호만 포착되는 경우가 있는데, 이러한 현상을 퀘이사라고 한답니다. 성능이 좋은 망원경으로 관측한 결과 퀘이사 역시 블랙홀이라는 사실이 밝혀졌어요. 퀘이사를 은하 중심에 위치한 초대질량블랙홀이라고도 할 수 있는 것이죠. 여기서 흥미로운 점은, 은하의 질량이 클수록 초대질량블랙홀의 질량도 커진다는 사실이에요. 이러한 현상을 통해 은하가 형성되는 과정과 은하의 중심에서 초대질량블랙홀이 만들어지는 과정 사이에 밀접한 관계가 있다는 걸 추측할 수 있어요. 아직은 추측일 뿐, 그 이유를 명확하게 알 수 없기 때문에 천문학자들이 열심히 연구하고 있답니다.

✅ 별도 수명이 있나요?

별의 탄생과 죽음

밤하늘에 빛나는 별들도 각자의 수명이 있습니다. 즉 별은 태어나서 일생을 살고 죽는다는 말이죠. 별은 기체와 먼지로 이루어진 우주 구름인 성운 속에서 탄생합니다. 성운이 안정된 상태로 존재하다가 내외부의 충격을 받아 불안정해지면 중력을 이기지 못하고 붕괴되는데, 이러한 현상을 중력붕괴라고 해요. 성운이 중력붕괴를 시작하면 크기가 줄어듭니다. 질량은 같은데 부피가 줄어들면 밀도는 높아지게 되겠지요. 밀도가 높아지면 온도도 같이 높아져요. 특히 성운의 중심부는 중력붕괴를 통해 그 밀도와 온도가 다른 부분보다 훨씬 더 높아지면서 양성자와 양성자가 결합하는 핵융합 작용이 일어난답니다. 이 과정에서 에너지가 발생하고 그 에너지가 빛에너지로 바뀌는데, 이 순간을 별의 탄생이라고 합니다. 별은 일생 동안 핵융합 작용을 반복해요. 이 과정에서 계속 별

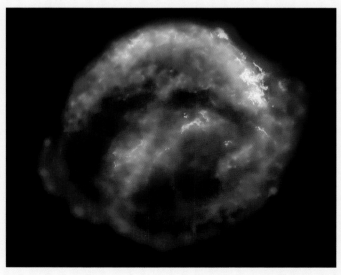

초신성 폭발

빛이 나오기 때문에 별은 밝게 빛나게 되는 것이죠. 별이 핵융합 작용을 멈추면 어떻게 될까요? 더 이상 빛을 만들 수 없게 됩니다. 별빛도 빛나지 않겠죠. 이 순간을 별의 죽음이라고 합니다.

질량에 따라 달라지는 별의 수명?

별은 빛을 만들면서 탄생하고 빛이 꺼지면서 죽음을 맞이합니다. 이때 별의 수명은 별이 탄생할 때의 질량과 관련이 있어요. 태양을 예로 들어볼까요? 태양은 수명이 100억 년 정도 됩니다. 이 말은 태양은 100억 년 동안 핵융합 작용을 통해서 빛을 낸다는 말이에요. 태양보다 더 무거운 별들은 그 수명이 더 짧아요. 더 활발한 핵융합 작용이 일어나기 때문에 더 많은 빛을 더 짧은 시간 동안 만들어내면서 빨리 그 빛이 꺼지기 때문이죠. 태양보다 가벼운 별들은 천천히 핵융합 작용을 진행해요. 덜 밝은 빛을 더 오래 만들어내는 것이에요. 이러한 이유로 태양보다 가벼운 별들은 태양보다 더 오래 살 수 있답니다.

✅ 태양은 얼마나 큰 별일까요?

지구와 가장 가까운 별, 태양

지구에 살고 있는 우리에게 태양은 절대적인 존재예요. 거의 모든 에너지를 태양으로부터 받고 있기 때문이죠. 지구에 생명체가 살 수 있는 것도 모두 태양 덕분이랍니다. 태양은 별입니다. 지구에서 제일 가까운 별이지요. 밤하늘의 수많은 별 중에 태양처럼 밝은 별은 없습니다. 그렇다면 태양이 우주에서 제일 밝고 큰 별일까요? 그렇지는 않습니다. 밤하늘에 보이는 별 중에는 태양보다 더 크고 밝은 별이 많습니다. 물론 태양보다 작고 어두운 별도 많겠지요. 밤하늘에 보이는 별은 지구로부터 제각기 다른 거리에 있습니다. 같은 밝기를 가진 별이라고 하더라도 멀리 있으면 더 어둡게 보일 것입니다. 가까이 있으면 더 밝게 보이겠지요. 겉보기에 밝게 보인다고 해서 실제로 밝은 것은 아닙니다. 별까지의 거리를 알아야 진짜 밝기를 알 수 있거든요.

태양과 태양계 행성들의 모습

태양의 크기가 궁금해!

태양의 겉보기 밝기는 매우 밝습니다. 크기도 제일 커 보이고요. 왜냐하면 지구와 가깝기 때문이에요. 밤하늘에 있는 다른 별들은 지구로부터 너무 멀리 떨어져 있기 때문에 점으로만 보일 뿐입니다. 그렇다면 태양은 실제로 얼마나 크고 밝은 별일까요? 우주에 있는 별들과 비교해 보면 태양은 크기와 밝기 모두 평범한 중간 정도의 별이에요. 외계인들이 살고 있을지 모를 어느 다른 외계행성에서 태양을 바라본다면, 그저 밤하늘에 떠 있는 평범한 별 중 하나로 보일 정도로요. 그 외계인들에게는 그들의 행성에서 가장 가까운 별이 제일 크고 밝게 빛나고 있겠죠?

✅ 생명체가 살 수 있는 행성의 특징은 무엇일까요?

적당한 거리를 유지합시다.

우리는 지구에 살고 있는 생명체입니다. 그렇다면 지구가 아닌 우주 다른 곳에서도 생명체가 살고 있을까요? 아쉽게도 아직까지 지구 밖에서 생명체가 발견된 적은 없습니다. 그렇지만 우리가 알고 있는 유일한 생명체인 지구 생명체가 어떤 자연환경에서 살고 있는지를 살펴보면 외계 생명체가 어떤 곳에서 살 수 있을지 상상해 볼 수 있을 거예요. 태양계를 살펴볼까요? 지구는 태양으로부터 적당한 거리에 떨어져 있기 때문에 행성 표면의 물이 액체 상태로서 존재하기에 적당해요. 지구 표면에 바다가 존재하는 것만 봐도 알 수 있죠. 지구가 태양과 너무 가까웠다면 뜨거운 열기로 인해 바닷물이 모두 증발해 버렸을 것이고, 반대로 너무 멀리 떨어져 있었다면 지구의 표면은 얼음이 됐을 거예요. 지구가 태양으로부터 적당한 거리에 떨어져 있기 때문에 생명체가 존재할 수 있는 것처럼 생명체들이 살아가기에 적합한 환경을 지니는 우주의 공간을 골디락스 존 또는 생명체 거주 가능 영역이라고 합니다.

외계 생명체와 만나는 그날까지

태양계 밖 외계 행성에서 생명체가 살 수 있는지 알아보기 위해서는 가장 먼저 그 외계 행성이 골디락스 존에 속하는지 살펴봐야 합니다. 액체 상태의 물이 존재해야 생명체를 구성하는 화합물들이 만들어지고 생명체들이 생명을 유지할 수 있기 때문이죠. 행성이 너무 작고 어두운 별 주위를 돌고 있어도 생명체가 살 수 없을 것입니다. 자기 별로부터 충분한 에너지를 공급받을 수 없기 때문이에요. 또한 산소나 이산화탄소 같은 공기 분자가 없는 행성에서도 생명체가 살아가기 어려울 거예요. 오랜 시간 동안 천문학자들은 생명체가 살 수 있는 조건을 갖춘 외계 행성을 찾아 외계 생명체를 만나기 위해 노력하고 있답니다.

표면에 액체 상태의 물이 존재하는 가상의 행성

⑧ 외계 미션

글 서동건 그림 이정태 감수 이명현

1판 1쇄 발행 2024년 11월 27일
1판 2쇄 발행 2025년 1월 25일

펴낸이 김영곤
기획편집 이장건 김의헌 박예진 박고은 서문혜진 김혜지 이지현 송혜수
아동마케팅팀 명인수 손용우 양슬기 이주은 최유성
영업팀 변유경 한충희 장철용 강경남 황성진 김도연
디자인 임민지
제작팀 이영민 권경민

펴낸곳 ㈜북이십일 아울북
출판등록 2000년 5월 6일 제406-2003-061호
주소 (10881) 경기도 파주시 회동길 201(문발동)
대표전화 031-955-2100 **팩스** 031-955-2177 **홈페이지** www.book21.com

ⓒ 2024 서동건

ISBN 978-89-509-1749-4 74400
ISBN 978-89-509-9473-0 74400 (세트)

• 제조자명 : (주)북이십일
• 주소 및 전화번호 : 경기도 파주시 문발동 회동길 201(문발동) / 031-955-2100
• 제조년월 : 2025.01
• 제조국명 : 대한민국
• 사용연령 : 3세 이상 어린이 제품

• 137쪽, 138쪽, 141쪽 이미지 출처: 나사
• 136쪽, 139쪽, 140쪽, 143쪽 이미지 출처: 게티이미지 코리아

다양한 SNS 채널에서 아울북과 을파소의 더 많은 이야기를 만나세요.

인스타그램 페이스북 네이버카페 네이버포스트
@owlbook21 @owlbook21 owlbook21 아울북 and 을파소